● 民族文字出版专项资金资助项目

户撒刀锻制技艺

黄江红 任芮锋 著

德宏民族出版社

图书在版编目（CTP）数据

户撒刀锻制技艺 / 黄江红，任芮峰著 . -- 芒市 : 德宏民族出版社，2018.9
ISBN 978-7-5558-0879-4
Ⅰ . ①户… Ⅱ . ①黄… ②任… Ⅲ . ①阿昌族—刀剪—锻造—生产工艺—陇川县 Ⅳ . ① TS914.212

中国版本图书馆 CIP 数据核字 (2018) 第 227255 号

书　　名：	户撒刀锻制技艺		
作　　者：	黄江红 任芮峰 著		
出版·发行	德宏民族出版社	责任编辑	排　英
社　　址	云南省德宏州芒市勇罕街 1 号	特邀编辑	闫　瑾
邮　　编	678400	责任校对	毕　兰　赵　湘
总编室电话	0692-2124877	封面设计	王晓凤
汉文编室	0692-2111881	发行部电话	0692-2112886
电子邮件	dmpress @ 163.com	民文编室	0692-2113131
印　刷　厂	德宏团结报印刷厂	网　　址	www.dmpress.cn
开　　本	889mm × 1194mm　1/32	版　　次	2018 年 9 月第 1 版
印　　张	2.5	印　　次	2018 年 9 月第 1 次
字　　数	41.5 千字	印　　数	1–5000 册
书　　号	ISBN 978-7-5558-0879-4	定　　价	28.00 元

如出现印刷、装订错误，请与承印厂联系调换事宜。印刷厂联系电话：0692-2121712

序

刀是人类最早也是最普遍使用的冷兵器之一。户撒刀，又名“阿昌刀”，因其主要产于云南省德宏州陇川县户撒阿昌族乡而得名，它与新疆维吾尔族的英吉沙刀、保安族的保安腰刀并称为中国三大民族刀具。

户撒刀锻制技艺的传承与发展受到多方面的影响。20 世纪末，户撒刀生产设备日益现代化，机械设备逐步替代了传统的生产工艺，如空气锤的广泛使用使得小锤工艺行业将失传。21 世纪初，刻着“户撒”字样的仿冒刀具一批批运进户撒并且凭借价格低廉、外观精美的优势抢占了部分户撒刀市场。与此同时，打刀辛苦而且攒钱难使得越来越多的年轻人选择外出务工或者种植烤烟,打刀的炉盘逐渐熄火停炉，一些打刀世家出现了人亡艺绝、后继无人的情况。到了 2006 年，“阿昌族户撒刀锻制技艺”入选国家级非物质遗产给这项传统技艺发展以契机，从业人数有所增长。

笔者访谈户撒刀匠了解到，户撒刀匠们都希望户撒刀锻制技艺传承并成为中华民族传统工艺优秀代表，这个朴实愿望的实现不能仅仅依靠政府的非遗政策，更为紧要的是找到户撒刀产业发展的方向和路径。如何将户撒刀锻造技艺代代相传，如何选择户撒刀产业发展道路，如何把握市场的规律，如何与时俱进、走向世界，成为了阿昌族刀匠们思考的问题。

笔者在调研期间了解到，阿昌族户撒刀锻制技艺还没有专著出版。户撒刀锻制技艺的传承主要通过言传身教，鲜有文字记载，相关的调查研究也相对较少，主要有汪宁生教授于 1973 年发表的权威论文《阿昌族的铁器制作》、2004 年李晓岑教授发表《阿昌族的制铁技术及相关问题》以及陇川县文体广电旅游局非遗保护中心的调查记录、申报文本等。笔者从事户撒刀相关研究，期间在户撒地区调研与生活，对户撒文化有了较为深入的认识，通过长期的观察、访谈、记录以及亲自参与户撒刀制作，积累了丰富的文字材料。所以我希望能尽我所能弥补这项不足。本书以图文并茂的形式介绍户撒刀的历史与发展、设备与工艺、应用与经营，抛砖引玉，旨在客观呈现与探究户撒刀锻制技艺与户撒刀产业的发展，为阿昌族户撒刀的传承发展打下些许研究基础。

CONTENTS

目录

户撒刀锻制技艺

第一节
阿昌族户撒刀起源与命名的传说

户撒刀是阿昌族的代表性文化符号，提及户撒刀必然要介绍阿昌族。阿昌族是氐羌系的后代，主要分布在中缅边境地区，缅甸阿昌族被称为迈达族，人口约 4 万；国内阿昌族人口约 4 万，主要分布在云南省德宏州的陇川县、梁河县，少数分布在盈江、潞西、瑞丽、龙陵县和腾冲县。本文将中国打刀的阿昌族统称为阿昌刀匠，将其制作的刀具称为户撒刀，将缅甸打刀的迈达族统称为迈达刀匠，将其制作的刀具称为迈达刀。

■ 陇川县户撒阿昌族（陇川非遗保护中心　提供）

有关户撒刀起源的说法有很多，其中流传最广泛的是以下四种。

第一种说法：打铁是阿昌族“老辈子”传下来的，甚至说在户撒和腊撒还分为两个坝子时就有铁匠。[1]

第二种说法：沐英将军教会阿昌族打铁。还有一个与此相关的神话传说。传说有一头白鹿为沐英率领的明军带路，几经周折才来到这个地方，这个地方后来建起报恩寺与皇阁寺给后人侍奉。[2]沐氏在100多平方公里的户撒坝建立私庄，汉人进入，兵丁落籍，设置庄头，修筑城池，铁匠木匠随之到达。历时数百年，当地阿昌族与这些来自内地的手艺人结合，学习并发展手工业。[3]

另有传说称，当初阿昌族铁匠使用的是一般火夹，没有力，很不好用，后来明将沐英传授了长把钳的使用方法。沐英用口传，但阿昌族师傅听不懂，沐英又做了一个翘二郎腿的动作，聪明的阿昌族一看就明白了。

第三种说法：打铁是穆桂英传授来的。当地流行杨宗保、穆桂英的故事，带来铁器是这些故事的一部分。[4]

第四种说法：户撒刀的产生与太上老君有关，腊撒地区的阿昌族主要相信这个说法。过去每个炉子都供炉神，阿昌语称为“斯拉”或“招募或”，意为鲁班师父。又以汉语称为“老君燎原”，即是“太上老君”。

传说，最早每当拉风箱，天即打雷，正是他发明“八卦炉”后才不打雷；最早打铁无砧，放在膝盖上打，正是他发明了砧及

---

[1] 汪宁生：《阿昌族的铁器制作》，大理民族文化研究论丛，2012年。
[2]、[3] 杨玉文主编：《阿昌族百年实录》，中国文史出版社，2010年。
[4] 汪宁生：《阿昌族的铁器制作》，大理民族文化研究论丛，2012年。

其他工具。对“斯拉”不设偶像，也无其它标志，仅初一、十五在炉旁烧香，供饭或米。据称若不供奉，打铁易断，或铁不凝结。[5]太上老君法术高强，拿着烧红的铁块在膝盖上打，凡人没有这样的本事，就拿到户撒河边大石头上打，并在户撒河里淬火，这样打制出来的刀具钢质特别好。

■ 供炉神（陇川非遗保护中心　提供）

以上关于户撒刀起源的传说试图对户撒刀从哪儿来这个难以考证的疑问做出回答。那么，阿昌族打的刀为何称为“户撒刀”，若仅因地名，为何称为“户撒刀”，而不称为“腊撒刀”或“户腊撒刀”。这些来源于生活的问题需要找到与生活相契合的回答，于是户撒地区有了这样一个解释户撒刀命名的故事。

---

[5] 汪宁生：《阿昌族的铁器制作》，大理民族文化研究论丛，2012 年。

古老的时候，户撒、腊撒是被大山相隔的两个坝子。有一个叫兴过的年青人，他是打猎能手。有一天，兴过翻过大山去另一个坝子赶街。他路过一家铁匠铺，看见卖刀的姑娘。那姑娘也正好抬头正好看见了手里拿鹿茸、身背兽皮的兴过，便猜想他是一个打猎能手。兴过见姑娘正看他，正想上前买刀，那姑娘却被父亲唤去吃饭了。兴过只好去对门杂货店，一边买竹竿烟丝，一边打听那姑娘的名字。店主告诉他："那是我们坝子有名的打刀师傅的姑娘，叫软糯！"兴过一听，心花怒放。软糯的名字像高山上的鼓声，立刻传到他的耳朵里了。于是，兴过决定暂不回寨子。晚上，他走到铁匠铺前，吹响了葫芦箫。优美的箫声惊动了老人，老人出来开门请兴过进屋。这一夜，兴过和软糯坐在火塘旁对歌到天明，唱出了心中的欢乐、痛苦、幻想与爱情……

■户撒刀"天下第一大刀"（陇川非遗保护中心　提供）

兴过回去后，请了两位德高望重的老人来说媒，得到的回答：

“我们阿昌族以打刀出名，明年会街佳节，希望能见到你用自己打的长刀砍树桩。谁能把最粗的树桩一刀砍断，我就把软糯嫁给谁！”

兴过一算，再过半年零十天就是明年的会街了。为了打出好刀参加砍树桩比赛，兴过白天走街串巷，哪家传出打铁声，他就往哪家钻，仔细看人家如何选料、捶打、开槽刮磨、淬火。晚上他吸取各家之长，叮叮当当打制长刀，打出的长刀越来越好，别人见了爱不释手，只有兴过仍不满意。离会街只有一个月 ，兴过去了更远的寨子请教有名的打刀师傅，终于用香油反复回火，打出了一把坚韧无比的长刀。只见兴过把长刀两头使劲一扳，握成一个圈，系在腰上当裤带。他左手放开刀头，寒光一闪，“嗖”的一声弹直，他顺势猛戳旁边的一棵树桩，刀尖一下扎进了木桩，他乐得使劲拔出，立刻舞起刀来，舞得大汗直淌才住手，看见弟弟在屋内，便叫弟弟拿揩汗帕来。他弟弟正忙着，不耐烦地把揩汗帕往外一丢：“接着！”兴过挥刀去接，飞来的揩汗帕碰到刀口上，断成两块飞落在地上。

到了会街那天，求婚来比砍树桩的小伙有一百多，观看的人比节日里看白象、青龙的人还多。人圈里插着许多粗细不一的木桩，长角号一吹，锣鼓响了，小伙子们立刻拔出长刀，那一道道银光把人们的眼睛都看花了。木桩还剩最粗和最细的各一棵，只见土司的儿子背着高价买来的长刀，刀壳、刀把都是银的，正得意洋洋地向那棵最细的木桩走去，而兴过走向了最粗的树桩，软糯见兴过赤手空拳走向前去，难过地低下了头。这时，象脚鼓响了，只见兴过解下腰上的长刀。人们正吃惊地睁大眼睛想看清这是一把什么刀时，兴过手一挥，最粗的木桩便应声断成了两节。人们呼喊着拥上前去，把兴过抬起来绕场一周。一旁的软糯笑成了花。这下土司的儿子恨死兴过了。他看着兴过和软糯在欢乐的人海中定下了迎亲的日子，就像长刀扎进了他的心窝窝。迎亲那天，土司的儿子带着亲信埋伏在大山脚下，将正要翻山的兴过暗算了。土司的儿子不急着去追赶陪郎陪娘，而是去抢兴过腰上系着的长刀。长刀一离开兴过的手，立刻化成了水，变成一条银河，白浪滔天，把土司儿子卷走了。兴过被害的消息传到软糯的耳朵里，她悲痛万分向大山跑去了。大山山高林密，软糯正寻找上山的道路时，被追赶来的亲戚们拉住，劝她回家。她挣脱乡亲们，一头向大山撞去，山摇地动，软糯把大山撞倒了，隔山的两个坝子连到了一起，软糯死在了兴过的尸体旁边……

■ 断毛巾比赛（陇川非遗保护中心 提供）

人们为了纪念兴过和软糯的真挚爱情，就把兴过住过的坝子取名叫户撒（坝头），软糯生活的坝子取名腊撒（坝尾）。直到现在，人们总把这两个坝子连在一起喊，称为“户腊撒”，而把兴过打制的各种各样的阿昌刀称为户撒刀，以此纪念这位能工巧匠。

从故事中无法找到户撒刀锻制技艺的来源，也不能以此作为户撒刀命名的依据，但从故事中我们看到了来源于生活的细节、观点与愿望。学习打刀可以师出无名，博采众长加上自己专研——走街串巷，哪家传出打铁声，他就往哪家钻，仔细看人家如何选料、捶打、开槽刮磨、淬火，晚上吸取各家之长，叮叮当当打制长刀。户撒刀的品质不在于外表的贵重，而是内在的锋利耐用，是柔软可绕在腰间、刀口锋利削毛巾、一刀砍断大木桩。值得注意的是，故事中的砍树桩与断毛巾都是现在户撒刀王大赛的比赛项目。

■ 砍钢筋比赛（陇川非遗保护中心　提供）

第二节
阿昌族户撒刀的发展历史

户撒刀，因出自云南省德宏傣族景颇族自治州陇川县户撒乡而得名。与维吾尔族的英吉萨刀、保安族的保安刀，并称全国三大民族刀具。

■传统的打刀坊

据考证，户撒阿昌族先民约在唐朝时期就掌握了锻制和铸造铁器的技术，主要制作刀、锄、犁、马掌等工艺粗糙的生产用具。明朝“三征麓川”（公元1441–1449）以后，中缅边境战事频繁，整个德宏边关大军云集。由于官军远离后方，战线太长，为保证兵器供应，明军选择四面环山，地势非常隐蔽的户撒，就地修理、制作兵器。并对户撒实行半军事化管理，以村寨为单位，进行生产的分工。此后，户撒成为在保卫滇西边防中发挥着重要作用的“兵工厂”，同时也是朝廷封疆大吏与云南地方官员激烈争夺的对象。

从明朝起，户撒阿昌族工匠因制作兵器而不断吸收了汉族先进的技术，加上阿昌族的聪明智慧，形成了独具特色的户撒刀工艺。以后祖辈相传，延续至今。

明末清初，户撒刀的制作生产进入成熟时期。除制作兵器外，境内傣、景颇、傈僳、德昂等民族的铁制生产生活用具，主要出自户撒，并向周边的腾冲、龙陵、保山扩散，还大量输出缅甸。

■ 各式户撒刀具（陇川非遗保护中心　提供）

民国年间，户撒刀的制作生产达到兴盛。小小的户撒，商贾云集，人流穿梭，热闹非凡。刀具生产的兴旺，给偏僻闭塞的户撒带来了文化的兴旺。出现了“五山六寺”、“六会九摆”（会：庙会；摆：南传佛教宗教集会）、“九塔四十七奘”（奘：即佛寺）的繁华景象。

新中国成立后至今，户撒刀经历了大起大落的曲折发展。在国家的扶持下，阿昌族刀具工艺恢复了它的生机，在原有的基础上，户撒刀品种与花色经过了有计划、有组织地大规模设计和开发。

■ 小开山刀

1957 年，户撒成立了“户撒铁农具厂”，购置了当时较为先进的半自动化空气锤和机床，在大大提高了生产效率的同时户撒刀生产工艺也有所调整，铁具品种也有扩大。[6]

20 世纪 60 年代成立“户撒民族刀具厂”，开始批量生产各种刀具。产品除在省内销售外，还销往内蒙、青海、甘肃，以及相邻的缅甸。

20 世纪 70 年代，国内藏刀脱销。国家主管民族特需品的部门委托户撒地区生产藏刀，此后，国内藏民使用的藏刀主要由户撒生产，每年有数万把藏刀远销西藏、四川、青海、新疆等地。并出口东南亚、欧美和日本。这是户撒刀生产的鼎盛时期。户撒农民的银行存款额呈直线上升，在全县名列前茅。

1983 年，户撒地区生产的藏刀被国家民委、轻工部评为“民族特需工艺最优品”。1987 年，户撒民族刀具厂生产的藏刀获“云南省第三届民族用品优秀产品”称号。同年，陇川县还成立了民

[6] 谢黎蕾：《阿昌族户撒刀锻制技艺的保护与传承现状研究》，云南大学硕士论文，2012 年。

族工艺品公司。该公司采用了科学的经营管理，引进了先进的科学技术，扩大了生产规模，增设了砂轮机、气锤、电焊、电钻等现代化装备，改进了户撒刀的工艺技术并增添了花色品种。[7]

从 20 世纪 90 年代中后期起，随着社会主义市场经济体系的建立，加之公安部门对刀具流通的严格管制，户撒刀失去藏区市场，销售量一落千丈。

■ 户撒刀在北京民族文化宫展览（陇川非遗保护中心　提供）

目前，用机械化批量加工的、外来的工艺性刀具已占据了德宏一部分市场，户撒刀被迫退守在生产生活用具及工艺馈赠品的狭小阵地上。在户撒乡，打铁的人越来越少，过去本领高强、德高望重的民间老艺人，为了生存，无可奈何地熄灭炉火，放下曾经为家庭、为户撒赢得荣誉的铁锤，去做自己最不情愿做的事

[7] 杨玉文主编：《阿昌族百年实录》，中国文史出版社，2010 年，P244。

情——出售机械加工的外来刀具。到了2006年，“阿昌族户撒刀锻制技艺”入选国家级非物质遗产给这项传统技艺发展以契机，从业人数有所增长，有越来越多的户撒刀匠开始积极适应市场的变化，寻求生产经营的改变，探索户撒刀产业的出路。

■ 户撒刀展览（陇川非遗保护中心　提供）

户撒刀的制作主要分布在云南省德宏傣族景颇族自治州陇川县户撒阿昌族民族乡的潘乐、户早、隆光、项姐、明社、曼炳6个村民委员会、17个村民小组，共有225户，从业人员560余人。

第三节
阿昌族户撒刀的申遗历程

从户撒刀的发展历史中可以看到入选国家级非物质文化遗产是21世纪以来户撒刀传承发展的重要契机。透过这个契机的产生和实施过程，我们可以看到高层设计者们的高瞻远瞩和清晰的思路。

■培训会（陇川非遗保护中心　提供）

“阿昌族户撒刀锻制技艺”整个申遗过程是自上而下的政府主导的，是在政府部门及相关专家的考察下完成的申报。

2000年5月26日，云南省颁布《云南省民族民间传统文化保护条例》。2003年，云南省文化厅《关于组织力量对全省少数民族民间传统文化进行普查的通知》是中国就民族民间传统文化保护工作发布的权威指导意见，该通知称“此次普查工作，必须以党的十六大精神为指针，以建设科学的、大众的、民族的先进文化为宗旨，以保护、弘扬民族优秀文化为目的，通过普查摸清家底并建立名录，形成重点并确定一批具有本民族特色的传统文化保护区、民族民间传统文化之乡，命名一批民族民间文化传统传承人，抢救一批具有重要历史、文化艺术价值的民族民间传统文化，合理利用，适度开放，让民族民间传统文化在新时代更放异彩，更好地为社会主义现代化建设服务。”

■培训验收（陇川非遗保护中心　提供）

2003年10月，云南省德宏州民族民间传统文化普查工作正式启动。2004年，陇川县文体局在接到上级政府文件后，成立了普查小组，展开了包括“阿昌族户撒刀锻制技艺”在内的全县范围的民族民间传统文化普查工作。普查工作分四个阶段进行。2004年1月至3月为普查前的准备阶段，文体局制定普查计划并向县政府申请经费，开展普查人员的培训、动员工作。2004年4月至6月以乡镇为单位进行普查并分类归档，建立目录。2004年7月至8月为检查阶段，领导小组到各乡镇听证、抽样检查后，将申报项目统一汇总上报德宏州文体局普查办公室。2004年8月至12月为总结表彰阶段，并根据州局通知做相应工作。

阿昌族户撒刀对阿昌族与周边民族的生产生活起着重要作用，又有着跌宕起伏的发展历史，在陇川县非物质文化遗产申报中得到了很高的重视。据文体局工作人员介绍，那段时期户撒发生泥石流，普查小组工作人员为了普查工作差点献出宝贵的生命。陇川县文化体育局组织人员对阿昌族户撒刀做了详细普查工作并扶持民间打刀艺人，让户撒乡年轻人"结对子"拜师学艺，发展阿

■研讨会（陇川非遗保护中心 提供）

昌族户撒刀的文化产业，实施招商引资，组织专业销售人员，开拓户撒刀销售渠道。2006 年在陇川县政府领导下，文化、广播电视、民族宗教、史志、档案等相关部门参与的项目申报领导小组，经由陇川县文化馆申报，将户撒地区打制的刀具统一命名为“阿昌族户撒刀锻制技艺”，并申报成为第一批国家级非物质文化遗产。

■国家级非遗传承人任命状

为提高干部、群众的保护意识，逐步健全动态的持续发展的保护体系，陇川县提出要重点建立五大机制：一是以文化战略上“定向”，发展蓝图中“定位”，工作决策时“定项”，资金投入上“定额”为主要内容的领导制度建设机制；二是对现有传统手工艺人、新生艺人进行培训，建立互动互补的人才队伍建设机制；三是保护传统精湛手工技艺及不断提高技艺、发展创新、协调发展、动态扶持保护机制；四是品牌效应与阿昌族户撒刀文化相结合，以打造品牌带动阿昌族户撒刀销售量的发展机制；五是发展阿昌族户撒刀的市场运营机制。

另一方面，国家在评选传统工艺类国家级传承人时也并非仅看重技能，而是从技艺传承传播角度选择综合水平高的人。我国于 2008 年 6 月颁布实施的《国家级非物质文化遗产项目代表性传承人认定与管理暂行办法》中的第四条提出符合下列条件的公民可以申请或者被推荐为国家级非物质文化遗产项目代表性传承人：

（一）掌握并承续某项国家级非物质文化遗产；

（二）在一定区域或领域内被公认为具有代表性和影响力；

（三）积极开展传承活动，培养后继人才。

第十三条提出国家级非物质文化遗产项目代表性传承人应承担以下义务：

（一）在不违反国家有关法律法规的前提下，根据文化行政部门的要求，提供完整的项目操作程序、技术规范、原材料要求、技艺要领等；

（二）制定项目传承计划和具体目标任务，报文化行政部门备案；

（三）采取收徒、办学等方式，开展传承工作，无保留地传授技艺，培养后继人才；

（四）积极参与展览、演示、研讨、交流等活动；

（五）定期向所在地文化行政部门提交项目传承情况报告。

基于以上理由，项老赛成为国家级非物质文化遗产保护名录《阿昌族户撒刀锻制技艺》项目国家级代表性传承人，李德永、

■2007年陇川县发的7块“高级技师”牌子之一

■刀具店（陇川非遗保护中心 提供）

娄宗培、线老岩成为省级代表性传承人，杨发方、雷顺才、线财保、项红安、李成强、尹保员成为州级代表性传承人。

2007 年有 7 位户撒刀匠人传获得了政府部门颁发的 7 块高级技师奖牌，他们以此为荣，真切感受到非物质文化遗产项目给户撒刀产业带来的效益，不仅给传承人经费补助，还提升了户撒刀的销量与名气。

但是非物质文化遗产政策的影响不限于此，它对于作为传统手工技艺的“阿昌族户撒刀锻制技艺”而言，申遗后其生产设备是否改变？生产技艺有了哪些改变？非遗对手工艺的传承发展有哪些影响，这些问题值得深入细致调查。

第一节
申遗前传统的锻制技艺

学界普遍认为，阿昌族定居户撒时已掌握打刀技术，但其精湛的生产技术则是明初沐英入云南征麓川时带来的，明朝军入西南边疆以后，在长期的征战中需要大量的兵器，主要是刀剑。但是由于受到环境制约，与内地联系困难，所以兵器的补给主要靠当地生产，于是留守户撒的明军中的工匠便把打刀工艺传授给已有制铁技术的阿昌族，便打制出了钢质较好的阿昌刀。

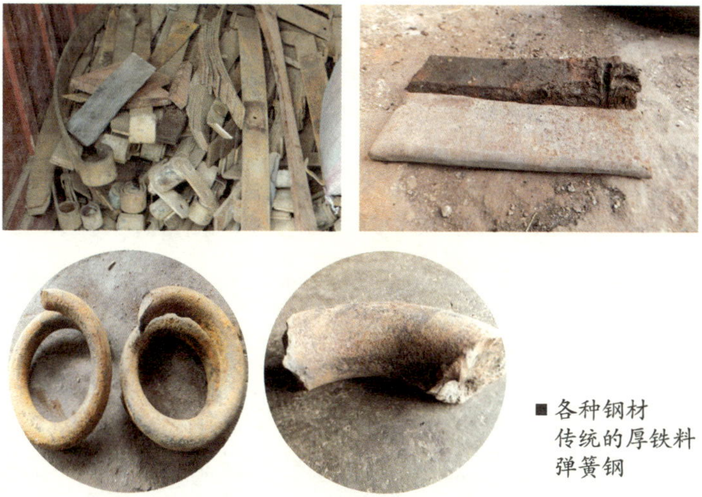

■ 各种钢材
传统的厚铁料
弹簧钢

1987 年，汪宁生发表的《中国西南的历史与文化》对阿昌族制铁技艺的调查包括夹钢和铸犁两部分。其中，对曼东寨制造短刀的调查如下，调查时共 45 户，其中阿昌族 22 户，余为汉族，各户中都有人会制铁，有炉六盘。刀贵在坚韧，故要用熟铁，最好用钢，制造时使用锻法。由于钢料不易得，故制刀时常采取一种熟铁夹钢方法，即刀刃两面为熟铁，中心部分为钢，使刀口锋利。

■切割铁料

2012 年，汪宁生在其发表的《阿昌族的铁器制作》中，记录了曼东寨一位老铁匠演示“熟铁夹钢”制短刀。主要包括 7 个步骤：夹钢、锻打成型、铲平和开口、淬火、拉槽、做花、安柄。从中可以看出制短刀一次可做两把，从夹钢到淬火共需半小时。操作者仅锻打成型时需要两人，其他工序一人即可完成。刻花属于修饰，时间可长可短，精致者要做一两天。

户撒刀系家庭作坊手工生产，师傅的工艺技术只在本家族中传承，决不外传。工匠均未脱离农业生产。

《陇川县非遗申报文本》中记录制作过程大体包括十道工序：

一、下料，也叫落料。根据刀具的形状、大小，决定用料的多少。选用优质钢材，是户撒刀质量的保证；

二、打制毛胚。通过加温后锤打出刀具的大体形状；

三、打制刀样。按需要打制出刀具的式样；

四、初加工。用砂轮磨去多余部分；

五、修饰刀叶。在刀叶上拉槽、雕刻、镶嵌、制作商标等；装饰性图案有二龙戏珠、二龙抢宝、猛虎长啸、日出东山、丹凤朝阳、飞燕迎春、十二生肖等。

■合料、下料、出料

六、淬火，俗称“蘸火”。通过热处理使刀叶的硬度和韧性达到最佳状态，这是户撒刀质量的关键。

七、打磨、刨光。用细砂轮仔细磨去刀具上粗糙的部位，使刀具变得光可鉴人。

八、制作刀柄、刀鞘。根据不同的需要，选择不同的材料。如银、铜、牛角、皮革、木材等。有打制、剪裁、錾花、镂花、雕刻、镶嵌、缠绕、焊接、铆接等复杂的工艺。

九、制作背带。一般由妇女用五彩毛线手工编织完成。

十、组装。将刀叶安装刀柄，配上刀鞘、背带。

■锻打

户撒刀共有120多个品种型号。最小的户撒刀只有4、5厘米长，而最大的户撒刀，长4.06米，重达两吨，被誉为“天下第一大刀”。根据户撒刀的用途，大致可分为：

一、生产用具。如长刀、镰刀、砍刀、屠宰刀等。还包括犁铧、锄头、钉耙等。长刀可分为10多个品种。

二、生活用具。如菜刀、剪刀、尖刀、剃刀、水果刀等。还

■打磨

■测量

包括铁锅、马掌、钉子、三脚架、火钳等。

三、装饰性工艺品。这一类品种最多。如仿古剑、青龙剑、达摩剑、龙凤剑、蛇形剑、长、短银鞘佩刀、蛇皮鞘仿古佩刀、牛皮鞘军刀、鸳鸯刀、袖珍匕首等。

■各式农用户撒刀

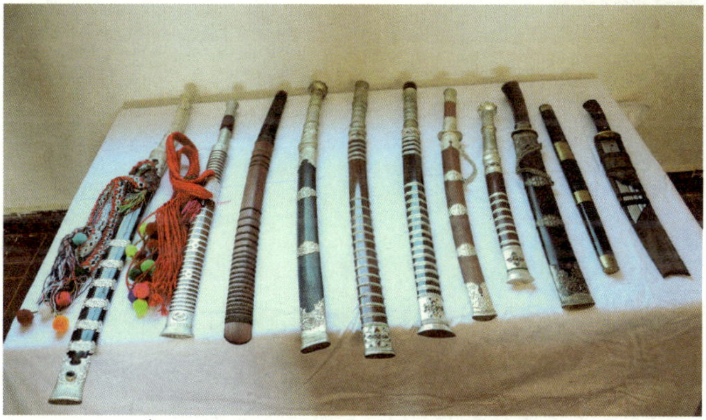

■各式工艺户撒刀（陇川非遗保护中心　提供）

还有部队仪仗队用的佩刀、边防、武警战士用的军刀、拍摄影视用的道具刀、健身用的体育器械刀等等。

第二节
申遗后国内现代的锻制技艺

申遗后，户撒刀的锻制技艺呈现出了四大特点。

信息共享化：借助互联网，好的指导理念和创意得到最大程度的分享。创造也好模仿也罢，随着信息传播的速度越来越快，好的打刀思路和想法能够迅速、准确地在行业内部传播。从行业整体发展来看，这无疑是积极的变化。

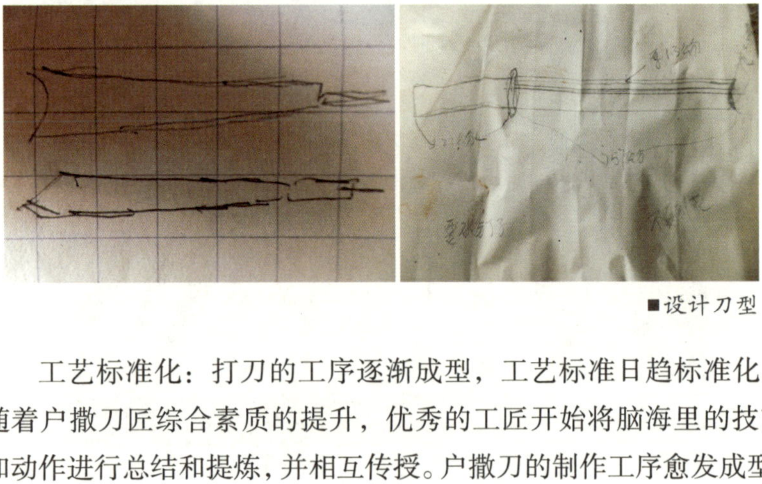

■设计刀型

工艺标准化：打刀的工序逐渐成型，工艺标准日趋标准化。随着户撒刀匠综合素质的提升，优秀的工匠开始将脑海里的技艺和动作进行总结和提炼，并相互传授。户撒刀的制作工序愈发成型，制作工艺在千锤百炼中越来越具体和明确。

“阿昌族户撒刀锻制技艺”入选国家级非物质文化遗产的重要原因之一在于淬火工艺。淬火是将钢加热到 AC3(亚共析钢) 或

AC1(共析钢和共过析钢)以上温度，保温后快速冷却，以获得马氏体组织的热处理工艺。亚共析钢的淬火温度为加热至 AC3 以上 30~50℃，获得单相的细小晶粒奥氏体。在实际生产时，确定淬火加热温度还需根据工件形状、尺寸、淬火介质等进行综合考虑。理想的淬火工艺是在高温和低温时冷却速度较小，而在 550℃左右时冷却速度较大，保证奥氏体不过早分解，又保证奥氏体应力不大。回火是淬火后进行的热处理工艺，其目的是稳定组织、消除应力、调整硬度和提高塑形、韧度。[8]

■不同的刀尖款式

[8] 邵红红、纪嘉明：《金属组织控制技术与设备》，北京大学出版社，2011 年，第 33 页至 35 页。

工具现代化：以电子设备为代表的工具应用极大地解放了人力约束条件，为更高标准的锻造工艺的产生提供了物质条件。

造型多样化：市场上对户撒刀的工艺品需求逐年旺盛，户撒刀在刀型、雕花和其它装饰上有明显的提升。

■设计雕花图案

一方面是人们日益提升的更高的使用需求，以及其它地域同类产品的冲击。另一方面是户撒人自身锻制工艺和技术的提升，内外的改变和交互不断地提升着户撒刀锻制的工序。其中最大的改变就是对于对户撒刀的设计，而雕花就是最明显的标志。

第三节
国外迈达刀锻制技艺

户撒刀匠与迈达刀匠的锻制技艺同根同源，但如今户撒刀与迈达刀在外形与品质方面都有了一定的差距。2015 年 5 月，笔者拿新寨线老岩锻制的砍刀与线爷爷家买的迈达刀，让线乔发在不明刀的来历的情况下比较两者的工艺。

■比较中缅阿昌刀（上：户撒制，下：缅甸制））

两种刀都没有雕花，造型上A 刀（线老岩打的刀）比B刀（迈达族打制的刀） 的样子好。光滑度上，B刀更加粗糙、磨手;钢材选料上，A刀选用红钢，B刀选用汽车底盘的槽子钢。锻打上，B刀背至刀刃1/3处有明显条纹痕迹，这是横锤的痕迹，B刀可能是空气锤锻打的，A刀为手工锻打。价格上，A刀的价格在60元至100元之间，B刀约价值十几元。硬度上，B刀的刀刃在打磨后会卷起，刀子本身的硬度可以在磨刀的过程中感觉得到，刀子的硬度越大，它与磨刀石的摩擦力就越小，磨刀时感觉刀子越滑，反之，刀子较软，摩擦力就大，淬火以70度为标准，A刀相对较硬，以淬火完成后刀刃呈现灰色偏黄色为淬火最佳，B刀淬火很少，只有35度左右，它的加工过程是初次淬火很硬，差不多达到50度，再回火变软，回到35度，造成中缅淬火工艺差异的主要原因在于阿昌族与迈达族所制刀具的主要用途与评价标准不同：迈达刀主要用在庄稼地砍田、砍木材，就需要把刀子淬火软一点，不然会砍出缺口；而户撒刀以工艺刀为主，它的评价标准是砍钢筋，所以要硬。

这就让我们产生了一个新的问题：是什么推动同源的户撒刀逐渐走出了迥异的路？户撒刀在迈达的发展能给我国户撒刀的发展带来何种借鉴意义呢？

19 世纪 70 年代，在英国殖民缅甸的时期，每年 10 月份去缅甸打刀、修刀、卖刀的户撒刀匠以及定居缅甸的迈达刀匠，他们的生活习俗、锻制技艺及其作品进入了英国学者的研究中，成了研究迈达刀匠及其打刀技艺的宝贵资料。英国学者 Clenment Williams 的记叙如下。

> 这是令人满意的一天。我去了一些中国人的房子，拍了他们和一些陈旧的木头。夜晚，我被一些掸族勐撒铁匠

（Mintha Shan smiths）打铁炉子的火光吸引，于是便访问了他们。他们的生活得非常粗糙。在一间简陋的小屋里有一座呈正方形的熔炉，熔炉的一侧有风箱，在炉子的另一侧用一张篱笆隔出一块小地方用于睡觉。这个风箱是木质管状结构，直径约为 9 英寸，风箱正中央有一个通风口，上面有活塞，它允许空气压入而不泄露。风箱是水平放置的，由一个年轻男子操作。比起缅甸的垂直的管状、带羽毛活塞的风箱，这种风箱有更大的冲击波。砧座的直径约为 6 英寸，有 2 英尺高，砧座上面是铁的砧子。他们的锤比较轻，钳与夹与我们国家（英国）的很相似。这些掸族很有礼貌，他们似乎很投入打铁工作。他们中的部分人能讲一些缅语。尽管他们的表情怪异，但我还是喜欢他们的外表。他们是诚实而吃苦耐劳的人，个子矮小但肌肉发达，又因工作劳顿与缺少睡眠而面色苍白、有些病态。他们每年来缅甸这里待两、三个月，离开时留下风箱与炉子下一回使用。

■缅甸卖刀

■中缅边交会—户撒刀展销（陇川非遗保护中心　提供）

上文展示了1863年缅甸八莫迈达刀匠的打刀场景与生存状态:他们的生活条件比较差，居无定所；作为重体力劳动者服务者，处于缅甸社会中下层。

上文描述的生产设备与户撒地区在新中国成立前差异不大。可以认为社会发展阶段的不同决定了户撒刀的用途和属性。21世纪迈达刀匠依然处在农业经济的初级阶段。迈达刀匠打造的产品也更多的是在为农业活动服务，进而也能从农民的身上体现制刀的价值，并获得回报。而在我国，在更高级的经济形态当中，农业发达地区的农民已经不再需要户撒刀刀匠们的劳动成果了，或者说，户撒刀产业的规模和效益跟不上农业的发展了。更进一步来看，户撒刀产业如果不能跟上时代的发展，就有可能被时代淘汰，到时候，我们就真的只能在非物质文化遗产项目里一瞻前人的风采了。

第三章 户撒刀制作设备及其变迁

20世纪末，受管制刀具政策以及农业机械化影响，户撒刀产业一度衰微，传统的家庭作坊很难生存下去。在户撒刀锻制技艺入选非物质文化遗产后，打刀设备日益先进，锻制技艺有了创新性发展，户撒刀产业逐步从实用刀向工艺刀方向发展。

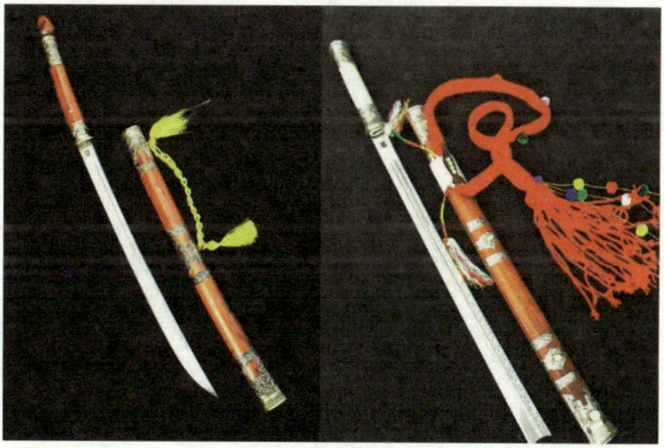

■ 傣族礼仪佩刀　景颇族礼仪佩刀

第一节
没有改变的部分打刀设备

一、炉子

阿昌语称“夏姆本”或称“扫崩”，其中“本”是堆的意思，直译应为铁堆，土质加铁箍，用于烧铁料和木炭，有管通往风箱。传统的炉子是侧半边有墙、上方有个锅盖的。缅甸的炉子相对封闭，据说因为缅甸风大且打刀坊是篱笆墙，加强炉子的封闭性可用于防火。

■打刀设备（陇川非遗保护中心　提供）

每炉过去都供炉神，阿昌语称为“斯拉”或“招募或”，意为鲁班师父，又以汉语称为“老君燎原”，即是“太上老君”。初一供斋烧香，烧给鲁班师父，初六、初九、初十、十五或十六开工的时候烧香祭拜，请鲁班师父保佑打刀安全、打出好刀、打什么样的刀就出来什么样的刀。过去忌讳往炉内投进任何杂物及活物，认为会亵渎炉神鲁班，引来灾祸：炉子里的炭会飞溅出来，锻打时候锤、刀坯、錾子都可能因为刀匠技术不过关、操作不当或疲劳过度而飞出，伤到人。

■钳 夹住铁料

二、钳、钎、耙子

钳，阿昌语称“千”或“通”，通炉火用。一般放在炉子边上。

钎、耙子，阿昌语称“夏姆立阿”或称 “nia（三声）”，将烧红的铁料从炉中取出，锻打时夹住器物。分大小两种：打毛料一把、细料一把，还有专门夹宰子的、不能夹刀的。

■雕花的砧子

三、砧

砧，阿昌语称“顿”或“当”， 把砧嵌入大小高矮不同的木墩上锻打器物时作垫，主要用于锻打与雕刻。

大年三十到初三（甚至初十），用饵丝、粑粑、糖、桔子、苹果、猪肉供奉砧子。三十晚上（有些在晚上6、7点）念：过年到了，烧香迎接你们了。念完之后放鞭炮，晚上12点之前女人就不可以串门了。初一念：到初一了，做什么都要顺顺利利，一年四季平平安安。初六开张，过去要上山砍柴，现在是要点燃炉子、动手打刀。

■维护锻打的砧子

锻打与雕花所用的砧的材质也不同。锻打用的砧选用的是英国桥桩的钢，硬度很大，不用淬火也很硬。平时需要用锉子打磨，保持平整光亮。可以雕花。用于雕花的砧对于是否含钢没有要求，其中不含钢的砧子禁不起锤子敲打，敲打后会留下印记。

四、水槽

水槽，阿昌语称为“黄格”，将长约 1.5 米的木桩挖空作为容器盛水，用于给刀叶子淬火和磨刀时蘸水。传统的水槽多为木质，现在也有用水泥做的。打刀老师傅认为水泥槽不好用，磨刀时候，锋利的刀刃难免碰到水泥槽，就容易缺口。

■其它辅助工具

五、錾子

阿昌族语“梯姆”或“电母作”，过去为铁刃木柄，现在多为钢材质。用于制作花纹，有半圆形刃、平刃者及钉子状三种。平刃者与一般的凿没有差异，以此可雕刻波浪纹、栉纹、斜线纹、人字形纹等等。

半圆形刃的錾子分 2 种。先有的是马脚趾或大指甲壳，阿昌语称“胖起火”。鱼鳞壳虎或小指甲壳，阿昌语称“阿姐坐”，它是从开始雕刻龙凤才有的，用于雕刻龙的鳞片。第三种钉子形状的錾子，阿昌语称“nio 计坐”，是雕刻龙凤眼睛的。这是迎合了消费者对龙凤图案的喜爱。

第二节 逐步改变的部分打刀设备

一、锤、空气锤

阿昌语称“患”，用来锻打器物等，一般可分大小两种锤，大锤的锤面可分为圆形、方形、正八角形。锤子的另一头窄窄的，可以把铁料砍长一点。

■大锤 小锤

一般师父用小锤，徒弟用大锤。传统锻打可分为三轮：第一轮是师父用小锤，二徒弟、三徒弟用大锤，依次锻打毛料；第二轮是师父用小锤带着使大锤的二徒弟修整刀坯；第三轮是师父一个人用小锤修整刀叶子。

1963年，户撒刀具厂引入第一台空气锤，主要用于锻打铁料。

■锻打

二、宰子、切割机

现在不仅可以用空气锤敲打“宰子”切割铁料，还可以用切割机切割毛料。这是新时代的东西，没有阿昌语的表达。

这其实也是一种创新性应用，借鉴自拖拉机站擦螺丝钉。

三、条凳

阿昌语为“东边”或“立刻桑”，木制，形制与一般木工用之长凳略同。凿、锉、刨、磨等工序，都于其上运行，相当于“车床”或“工作台”。

四、 曲刨、刨光机与砂带机

曲刨，阿昌族语称“冒卡特”或“冒靠”，铁刃，两端有牛角柄，使用时两手持之，用于铲平初制器物表面以及在刀类工具上拉槽。刃口有宽窄两种。这种平整铁器的方式具有一定的危险性，若刀叶子固定不牢，用力过猛而不慎划出，就很容易戳伤工作人员的腹部。

现在打磨多用刨光机与砂带机。

■给槽刨光

五、锉砂轮机、抛光机

阿昌语称“立生”，用来制作花纹及锉平器物表面。

第三节
现代工业取代不了的设备：
记忆和智慧无法标准化

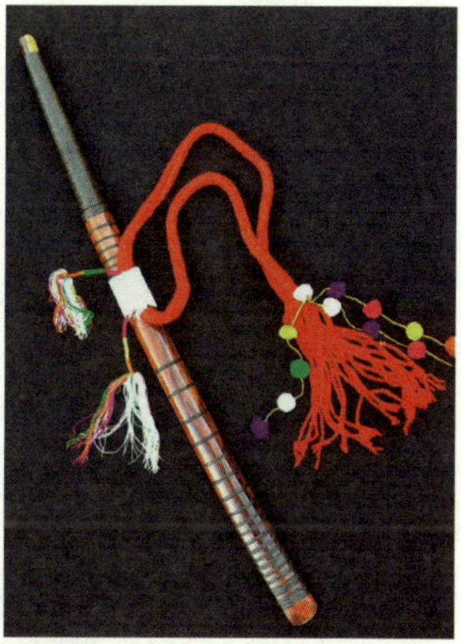
■传统阿昌刀

风箱，阿昌语称“吐孙”或“赌扫”，圆形者，圆木控空制成，方形者与汉区风箱无异，大小不等。

阿昌族使用的风箱多为木质。内装鸡毛。有些风箱可能有三百年的历史，经常修，边用边修，不好用就修。比如风箱出现了裂缝，导致鼓风的时候风力不够大，就需要把风箱内外侧洗刷干净，均匀地涂上牛粪。户撒刀匠称，水泥没有牛粪好用，什么胶都没有这个牛粪好用；要能够拆、能够活动的，活动不了的不行。而风箱内部是公鸡羽毛做的活塞。[9]

现在改用的鼓风机在解放劳动力的同时也让烧刀过程中的对木炭的掌控能力大大降低。木炭是很轻的，经不起鼓风机如此大的风力均匀地吹。

[9] 陈平：《图解中华国学集萃》，沈阳出版社，2012，第 203 页。

第四章 户撒刀制作工艺及其变迁

申遗后，随着户撒刀生产设备的变化，户撒刀的制作技艺也必然发生相应的变化。除此之外，年轻户撒刀匠与老一辈户撒刀匠在使用相同的设备生产户撒刀时是否也有不同？这项以言传身教为主要传承方式的传统手工技艺在申遗前后产生了哪些变化？这些问题值得探究。

本章对申遗后户撒刀工艺的介绍主要采用的是刀匠杨发方的。

■大镇宅刀

第一节
传承发展并不断优化的工艺

一、烧刀

“设计一款刀的造型从烧刀就做起了。作为第一火，老祖宗传承下来的，我们从根脚（刀的手柄）部位开始烧，依据刀的大小分 3–7 段烧火（一手长的刀烧 3–4 火，以此类推）。因为根脚的厚度确定了整把刀的造型。烧火控制的是铁的软度。800~900 度时候铁的软度最佳。温度太低，铁过于坚硬，不好敲打。温度太高，超过 1000 度，铁会变白，越烧越软甚至会烧烂、融化掉。”[10]

从打刀第一步烧刀来看，老一辈刀匠更多的是依靠经验，看铁的颜色，杨发方在讲烧刀过程的时候，能够具体到各环节下的温度，对温度的掌握已经量化到较为具体的数值。

二、造型

“一块划好的生铁跟刀一点都不像，我们打刀必须要有一个过程，描述刀的形状和特征，想象着打。但不管什么刀都有一种造型，需要设计着打。你看，刀口、刀背、刀鞘厚，往刀尖方向变薄。工序上一道比一道细腻，用锤不断修整，打出一个刀的造型。”

杨发方介绍打刀的第二步即为造型，这在老一辈刀匠那里并

---

[10] 刀匠杨发方叙述。

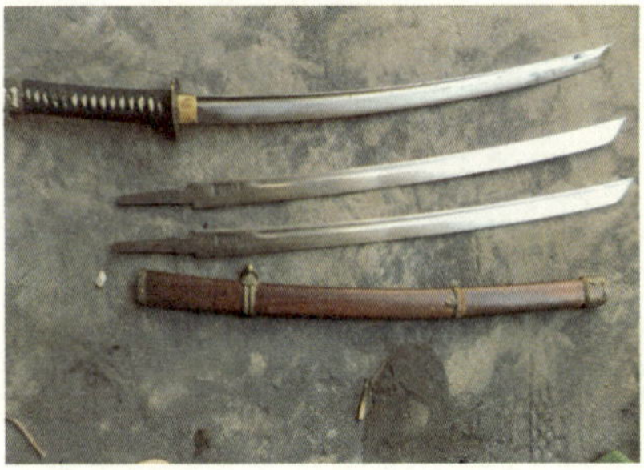

■看着唐刀打刀

■做出刀把

不会强调这个，所以在前人研究中也未看到相关描述。笔者对户撒刀刀造型设计展开进一步研究，了解到少数优秀的打刀师父能够独立地创造发明刀型，而大多数手艺人具备的是仿造能力，仿制市场上热卖的刀，或者在电视上、电脑上看到好的刀型便借鉴着打一把，有的则是专门参考书本上记录的古式的或者流行的刀型。

三、打磨

过去打磨用的工具是磨刀石，不会用砂轮机。后来从户撒芒东还有芒市、盈江地区的刀匠那边学会用砂轮机打磨刀面和拉槽，

■打磨

比起打刀和刮刀轻巧多了。有些刀匠就简化了用锤修刀的过程，用砂轮机打磨出刀型。

砂轮机的便利性给了那些想要走捷径的刀匠们一个机会，但从整体上看，这是新的生产设备对工艺产生积极的影响，锻制过程得以简化，效率得到提升。我们相信时间将会对这项改变给出公正的评价。

四、雕花

最初雕花者不是看着图案雕花，而是将心中的图案雕刻到刀叶上。雕花图案体现了不同时期户撒刀的特点。过去拉三条槽作为简单装饰，随后有了较为传统的简单的花草图案。1973 年专为藏族兄弟打制的藏刀的图案有“猛虎长啸”、“飞燕迎春”、“东山日出”等，后有十二生肖图案。21 世纪初有了花草向龙凤图案的过渡形式：草龙。随后越来越多的是“龙凤呈祥”图案。在工艺刀中，雕花与拉槽同属于装饰的一部分，在很大程度上决定了刀的美观度。雕花的图案多样，其中基本元素可概括为以下几种：

■雕花

■倒着雕刻字样

（一）流水纹：按波浪大小分大流水和小流水，按形态可分直流水与波浪流水；

（二）回旋纹：即旋涡样式的纹路；

（三）云纹：可分为大云纹与小云纹，似天空中的云朵，变化多端；

（四）点纹：也称芝麻点，点纹越细密越好，也可以制成突出的效果；

（五）鳞纹：纹路如龙鳞片般，立体感非常强烈。

从户撒刀雕刻上的变化，过去的雕刻装饰是简单的，表达自己内心的。阿昌族是个没有文字的民族，雕刻在刀叶上的图案，就是他们对于生活的书写。现在更多的刀匠会学习和设计好的图案来雕花，这和前面讲到的越来越重视造型设计也有关系。

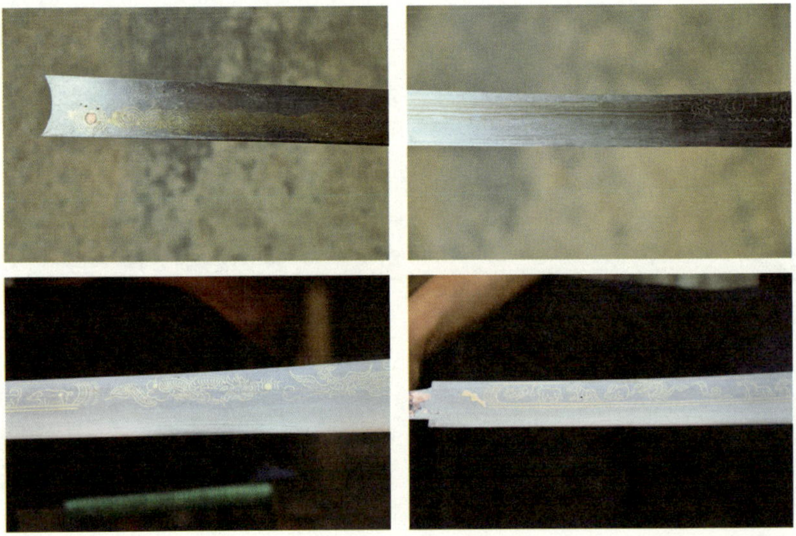

■各种雕花图案

第二节
濒临失传的工艺

一、小锤工艺

打铁要趁热。铁凉得太快了，还没有打好铁就已经凉了，没有达到想要的效果，刀口还没有打薄，还不能停下来。但多烧一次又相当费事，所以每一火都要尽量多打。有些需要相当平整的就需要打好几遍。厚的地方要砍它，薄的要贴它，从厚往薄慢慢地、均匀地打，像用手慢慢地擀下去一样。一般打刀需要三次。第一

■小锤带大锤

次打毛料，三人齐心地轮流锻打刀坯，打刀力求接近刀的造型，但刀的长度绝对不够，刀面的平整度与线形也还远远不够。第二次打细料，师父和俩个徒弟一起打，把刀口打薄。第三次为修刀，完全由师父来做，打出刀的造型，使刀平整。一般师傅用小锤，徒弟用大锤，轮流锻打，师徒同心。每次都打刀的中间偏右边，从烧红部位的一端打到另一端，打完又逆时针折回来，翻一面刀也是如此。打的时候是偏向右侧的。在打的时候师徒两人的心意是相通的，不用说话，这是打刀的人才知道的节奏。

■使用空气锤后一个人就能打刀

使用空气锤后，出现了一个人打刀的现象，“小锤带大锤”技艺面临失传的危险，师徒之间缺少了在锻打刀坯中培养默契的时间，对户撒刀锻制技艺的言传身教式的传承有一定的影响，这就需要有更加科学的文字、影像和多媒体等方式来记录这些技艺智慧。

笔者在项老赛和娄宗培家记录了使用空气锤代替两个徒弟锻打刀坯的过程：首先站到空气锤的右前方，身体前倾，双臂夹紧，将铁料送入空气锤的夹缝中，如右脚踏缝纫机般控制铁锤开合、上下以及锻打的力度与频度，将待切割的铁料正放于锤面下方，双手持钳前后移动铁料，使得铁料在空气锤的捶打下绵延伸展。铁料有时会因捶打而呈现近似正多边形的弧状，因为当下用的是横锤。此时需要转到空气锤的左侧，用竖锤将刀料打直。锻打至铁料温度变低，颜色变暗后回火。现代化工具的加入极大地解放了生产力。

二、淬火

将均匀烧红的刀叶迅速冷却，使得温度骤变的刀刃部分密度变大。淬火的方式通常有水淬、油淬与土淬。若刀叶在淬火后呈现黄色，韧性、刚性达到最佳，以 70 度为度量，则此时达到 35 度左右；若呈现白色，则太过硬了，约为 50 度，此时砍东西容易使刀面出现缺口。与淬火相配合的是回火，即往刀叶上轻轻泼水，还有烘烤刀尖以降低其硬度。

■淬火（陇川非遗保护中心 提供）

李晓岑在 2001 年调查总结了阿昌族用不同的冷却介质的多种淬火方法。水淬有白水（水中不加任何材质）、绿水（有青苔的水）、黄水（渗土的水）之别。硬度要求高的，在水中加适量盐巴，以提高淬冷能力，也有在水中加铜粉的。要得到较柔韧的铁器可用油或多种冷却介质配合淬火。如有需要，在用油淬火后还可再使用牛血淬火。据铁匠说，百年前阿昌族打宝刀要用虎血淬火。[11]

笔者于 2014 年、2015 年的田野调查中看到较为普遍的淬火方式是水淬，未见到有刻意渗土的行为，而白水变绿水也仅是水槽储水时间长了，尤其是木槽，长出了青苔。淬火用的水是山上引下来的普通自来水。油淬并不多见，主要用于造型特别的弯刀或者是剑：给弯刀水淬比较难把握，剑身则需要很大的韧性。

水淬与油淬各有特点：水的冷却能力很大，但冷却特性不是很理想，容易引起刀具的变形和开裂，而油的冷却特性虽比较理想，但其冷却能力又较低，过冷易造成奥氏体的分解。[12] 没有听到用牛血或虎血淬火的，可能此类淬火方式已经失传。

而且把黑刀整体打磨成白刀之后，外行人很难看出刀子是否淬火。户撒刀匠杨发方告诉笔者一个辨别刀身是否淬火的办法：放在光下轻微旋转刀身看到淬火部分与刀身其它部分相比会显得黑亮，而且硬度高的刀刃部分相对更亮，较软部分则相对暗些。

三、走铜技艺

（一）2001 年，李晓岑还考察了“走铜”工艺。画线：用铁工具在刀背上画线，先画两条平行线，再画方格（应当是在刀背

---

[11] 华觉明，李晓岑，唐绪祥编著：《金属采冶和加工技艺》，大象出版社，2008 年，第 92 页。

[12] 邵红红、纪嘉明：《金属组织控制技术与设备》，北京大学出版社，2011 年，第 24 页。

以下 1/3 处）。

（二）凿图案：以凿子为工具，把图案凿在刀背上，深浅要合适，约需凿半个多小时。此步骤为手艺活，要长期操作才能熟练掌握。

（三）涂铜粉：先烧刀子，再把化学药品和铜粉混合（先在碗里放水，加铜粉，再加“硼砂”（或称“硼肥”，铜粉与硼砂 1：1 左右，达到粘稠状态），涂在图案上，以涂满为度。

■走铜

（四）烧刀：把涂了铜粉的刀子放到炉中，用大火烧到通红，此时火焰呈绿色。淬火：用钳子把刀夹出，立即放入水中进行全刀淬火。

（五）刮白：坐在凳子上用锉刀把过多的铜粉刮去，使刀身发白发亮、露出图案。

（六）二次淬火：再把刀子放到炉中加热，到一定火候时二次淬火。此时为局部淬火，仅淬刀锋即可。

（七）修饰：用锉子或砂轮刮削和磨刀面。

■走铜

笔者于 2015 年见过户撒刀匠许保和走铜。目前户撒地区会走铜技艺的仅有四人：许保和、线乔发、杨发方、雷顺才。走铜技艺作为祖传绝技处于濒危状态。

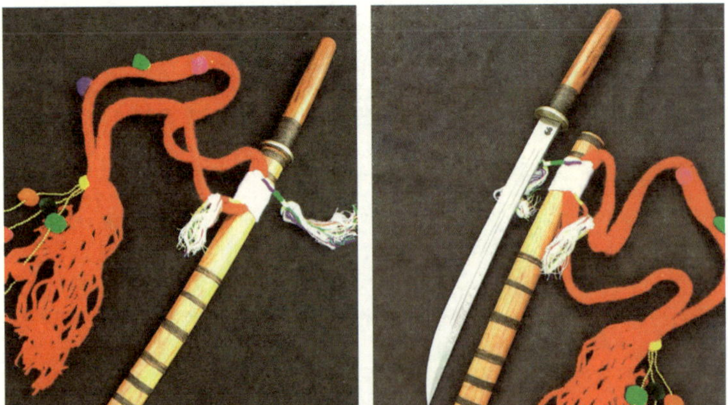

■花梨木传统背刀

制作与装饰

除了户撒刀的刀叶造型、雕花外，户撒刀的装饰主要体现在刀柄和刀鞘部分。这些刀具配件的制作十分考究，有缠棕丝、镶裹铜环、掐丝珐琅等工艺。依据刀叶形状、刀叶重量制定刀鞘和刀柄，刀匠师傅根据刀叶判断刀柄的选材，还需要利用想象和审美眼光选取搭配的刀鞘。

■木材质装饰

刀柄刀鞘一般分为木材质与金属材质。木材质包括棕丝(缠)、鸡翅木、酸枝木、印度红木、小叶紫檀木、牛角、鹿角等;金属材质有刚质地、铜质地和缅银质地等。

刀柄有棕丝把、酸枝木把、印度红木把、花梨木把、鸡翅木把、乌木把、小叶紫檀木把、鹿角把、牛角把、钢把、铜把和缅银把等;刀鞘主要有红豆杉、楠木、乌木、缅银等。

■未装饰的刀具

刀峭的装饰性更强,刀鞘从形状上可分为半壳刀(刀壳由一面完整和一面镂空花纹组成,刀身若隐若现)、全壳刀、包棕刀(刀壳全身由棕编绳围绕组成)和银壳刀。从材质上,刀鞘分木鞘、半壳鞘、银鞘、皮革鞘等。

第一节
户撒刀的木雕装饰工艺

户撒乡各村寨中户撒寨是户撒长刀木雕装饰工艺相对集中的，其中最有名的木雕艺人叫尹保元。据尹保元介绍，户撒阿昌刀的木雕装饰工艺有着与制铁技艺一样悠久的历史。[13] 户撒刀木雕工艺主要流程为如下。

■刀鞘材料

一、选料

户撒刀的刀柄和刀鞘一般选用具有质地坚硬、韧性好、不易开裂、不易虫蛀、抗腐蚀等良好物理特性的木料，常见的有栎树木、乌木、酸枝木、鸡翅木、楠木、红木等等。木料砍伐时间也十分讲究，

[13] 秦莹编著：《德宏阿昌族民间科学技术》，德宏民族出版社，第 214 页。

户撒当地人认为在适当的时间砍伐的木料才能发挥出它的最佳品质，通常是农历八月砍伐的木材不易变形、不易虫蛀。户撒刀的刀柄和刀鞘有不同材质，常见的长刀、短刀、齐头刀、尖刀选用具有天然花纹的黑心楠木、华联木、小叶楠木、红豆杉等木材。

二、下料

刀柄与刀鞘的下料的步骤可分开叙述。刀柄下料的步骤：第一，将木料切割制成稍长于刀叶把子的刀柄坯件，切削坯件时要考虑用刀人手持刀柄的感觉，多以圆形或椭圆形能刚好握住为适宜尺寸；第二，把刀叶把子嵌入刀柄坯件一端的中心部位；第三，用砂纸或砂布削磨刀柄，将其打磨光滑。第四，将极富弹性的棕丝编成麻花辫或麻绳后裹住刀柄成环行棕丝头箍套在刀柄上，令刀柄更加牢固美观。第五，在刀柄的两端或一端套上铜制或铁制的套箍。刀鞘下料分为两步：第一步，要先制作出比刀叶略大的刀鞘坯件。第二步，比对两块刀鞘坯件能否合二为一。

■修饰

三、拉槽

第一步，用推拉刨分别将两块刀鞘配件的内侧削拉出略大于刀叶长短宽窄的凹槽。凹槽的深浅约为刀叶厚度的 1.5 倍，这正好适合两块刀鞘合拢时刀叶留下的空间，以便刀子自如地插入和拔出；

第二步，分别将两块刀鞘配件的外侧刮削、摩擦成圆滑光亮的浅半圆形（即月牙形）；

第三步，将拉好槽的两块刀鞘合为一体，并用 3~12 道棕丝套箍用力套紧，（具体几道棕丝，视刀鞘长短而定）；需要注意的是，全壳刀的拉槽工序与半壳刀的拉槽工序有所不同。因为半壳刀只有单侧槽，即贴近人体的那块刀鞘配件的拉槽与全刀鞘相同，而只有背面刀鞘的一半长短的正面刀鞘的内侧是平整的，没有插板，没刀槽。半壳刀在削磨完工后同样要用棕丝套箍将两块刀鞘合为一体。

四、刻花

先在刀柄和刀鞘上面画草图再进行雕刻，所使用的雕刻工具较多。画草图有两种方式，一种将草图直接用笔画在木料上，另一种在开槽前直接将画好的花草图纸，用浆糊粘在木料表面，前一种方式通常是雕刻较少时使用，而刀鞘花纹纹理复杂的则采取后一种方式。工匠按草图进行刀峭雕刻，先粗雕刻出基本形状。雕刻题材和内容多以龙虎凤等代表威严和吉祥的瑞兽作为装饰性

■紫檀摆件腰刀

图案纹样。精巧的工匠会在这些名贵的木材上使用浮雕、透雕和镂空等工艺，雕刻出各种花纹，化腐朽为神奇，让刀柄和刀鞘锦上添花。刻花是精细活，手工雕刻相当费工费时。

■打磨刀柄

五、打磨

雕刻完成后，以前用磨石、抹布初步摩擦，现在用砂纸、搓刀修磨雕刻花纹上的表面残余的瑕疵。上好的木料无需上漆，保持原本的颜色及纹理更能体现材质之美和人们追求返璞归真的意向，木质一般则需要通过上漆来美化材质纹理以掩盖木质的瑕疵。

六、裹棕组装

将分开两半的刀鞘合二为一需要组装，户撒阿昌族通常用棕丝编成麻绳状的小环套在有两块木片制成的刀鞘和刀柄配料上，既可起到组装后固定刀鞘的作用，又可以增加刀柄的摩擦力，而裹棕组装既防滑又舒服，颇具民族特色。

第二节
银刀制作与其他装饰工艺

户撒银刀制作工艺较为精细，且现在银刀的装饰变得越来越重要，继承了传统装饰工艺的同时，也大量运用了新型的现代装饰材料景泰蓝等。装饰方法主要有雕刻、镶嵌、刻画、镶嵌镀金镀银等。

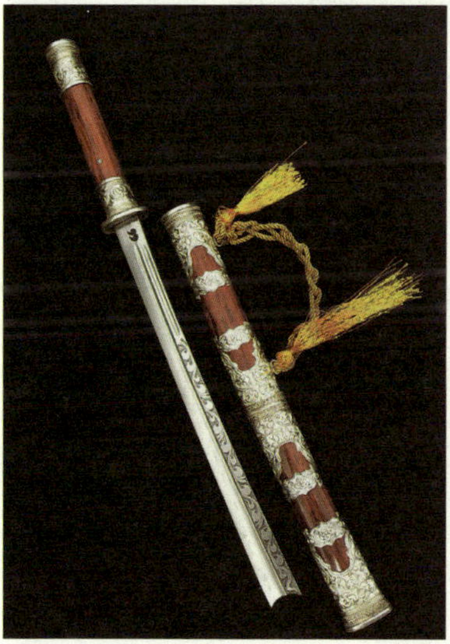

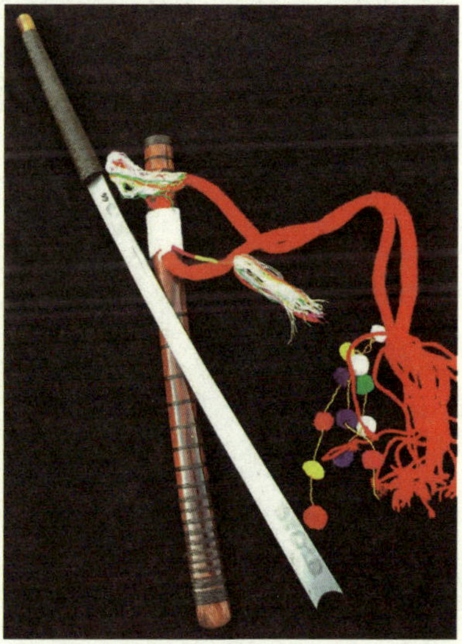

■完成装饰的户撒刀

（一）制模。首先在木制工艺上刻好模子，将翻模后图形印在钢皮上，在钢皮上刻上花纹，再把铜皮放到上面轻轻敲打。

（二）錾雕。主要运用形状不同的錾子制作花纹，在事先做好的刀鞘上，按照刀鞘结构把准备好的图案画在刀鞘上，然后用錾子慢慢地刻上去，刻好后再用砂纸打磨光滑。

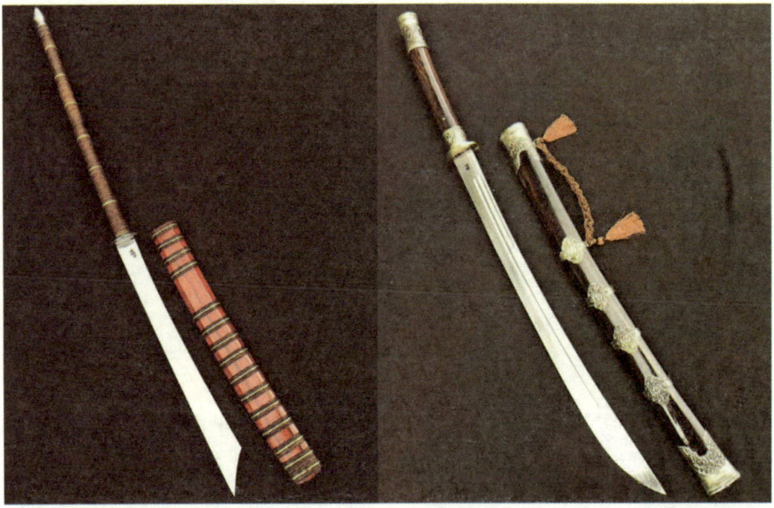

■战刀 黑檀木官刀

阿昌长刀都有背带，以方便携带。早期的背带多是藤篾编制的。选择有一定韧性和硬度的藤篾，先用火焰熏，再按一定的图案编织成所需长宽尺寸，再把它绑到户撒刀刀鞘上。烟熏使藤篾软化，便于编制，且起到防虫防水作用。藤篾背带呈现的暗褐色光泽，其质感与深色木质刀柄和刀鞘匹配，非常适宜，体现了阿昌族先民质朴的审美观。现在的背带选用棉麻编织的刀带更加柔软，色彩也更为鲜艳。通常，在编制好的刀带上，还会配上红缨流苏。

户撒刀最初用于农耕，名曰黑长刀。到明朝后，户撒刀开始作为沙场作战的武器，名曰长短刀。如今，户撒刀开始作为工艺品重生，更多的以短刀呈现。因为有人们的需要，户撒刀就有了“生命”。“刀耕火种”就是最开始的需要，就算是最缺乏铁器的族人，亦必有一把“万能的长刀”。长刀用于切割和砍伐时，其优越性最易显示出来。这是实用性决定的。[14] 近数十年来，户撒人开始大量生产短刀，生产数量大大超过了长刀。实用性下降但刀身、刀鞘装饰却越来越精美。人们开始更加注重户撒刀的工艺价值和收藏价值了。

■工艺户撒刀（陇川非遗保护中心 提供）

---

[14] 汪宁生：《阿昌族的铁器制作》，大理民族文化研究论丛，2012 年。

第一节
户撒刀在农业生产中的应用

世界很多民族把打铁看成是神秘的工作。有些民族甚至认为铁匠是神圣、有法术的人（如：北亚布里特人、非洲一些部落）。户撒人对户撒铁匠的尊重就是如此。户撒刀匠在滇西享有较高的社会地位，被认为是有法术的人。因为滇西地区乃至缅甸北部少数民族，如傣族、景颇族、傈僳族，大多不擅长打铁，在生产中遇到各种“难题”，如锄头破损、刀尖折断、铜炮枪不响，甚至原本非铁匠所能解决的事，都要请户撒铁匠“帮忙”。户撒铁匠每去一个地方，总是被强留不放，这家请了那家请，往往超过原来计划居留的日子，农忙将至才不得不匆匆而归。而在户撒地区，

■阿昌族妇女在用农用户撒刀除草

打铁已成为普遍的家庭副业，几乎所有成年男子都会打铁，铁匠便是普通人，只有那些技艺高超的师傅才受人们敬重。

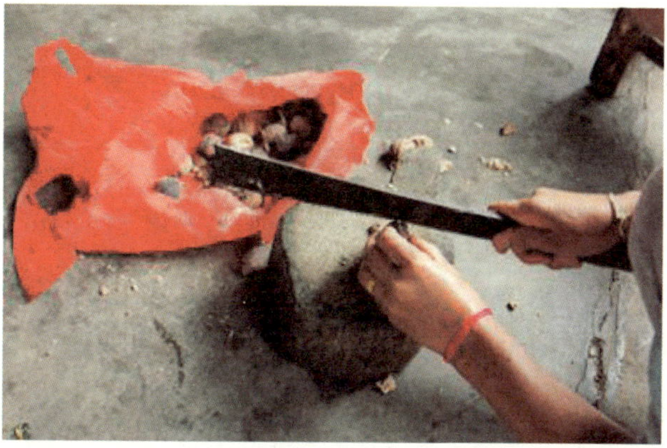

■砍核桃的户撒刀

■劈竹子的户撒刀

户撒刀在阿昌族的农业生产、日常生活、人生仪式三个领域中贡献着巨大的价值，在阿昌族人的心中占据着重要的地位。从上山下田的农用刀具到日常家用菜刀，户撒刀从一开始就融入到了当地人的生活和劳作当中。

第二节 户撒刀在人生仪式中的应用

户撒刀融入了阿昌族人生活中的方方面面，户撒刀也就成为了阿昌族文化中具有独特价值的文化符号。可以说从出生时对孩子的呵护，到婚嫁时的定情信物，再到“镇宅”之物，户撒刀都扮演着极为重要的角色。

一、辟邪刀

小孩出生后就要配上一把辟邪刀，一般是女方家长送给孩子的，表达了对外孙外孙女的疼爱。孩子睡觉的时候，将辟邪刀放

■辟邪刀

在孩子枕头底下；背孩出门，尤其是出寨门，将辟邪刀系在背腰带上，意为防止外头的鬼邪来伤害孩子。

■婚后的新郎刀

二、新郎刀

新郎在举行婚礼时要背一把新郎刀。寓意把我的生命交给你。阿昌族新郎接新娘那天，要用自己最心爱的长刀在新娘家扎的竹门上劈过，以示把一切灾难隔在门外，一生清洁平安。

结婚那天，新娘在后面拉着新郎衣服的下摆往前走，新郎一手提刀、一手提一只“童子鸡”；走上新房前的台阶时，新郎就用刀背在鸡的脖子上象征性地抹一下鸡脖子，然后就把鸡丢开，宾客、亲友们谁抓住就归谁。走进新房，新郎把一包首饰献给新娘，然后把刀塞在枕头下面，以此来祈求两人今后生活的幸福安康。婚后，那把长刀就可以随便用了，砍柴、除草都行，但是，无论家里的经济出现了怎样的困难，绝对不能把刀卖给别人，所以，如果你能在阿昌族家庭里得到一把主人“进新房”时用的长刀，那你肯定不是花钱买来的，而是诚心诚意与他们交朋友、以心换心。憨厚、淳朴的阿昌族人把你当成了自家人，才会把凝聚着自己年轻时的憧憬和渴望的长刀“送”给客人。

三、定情刀

阿昌族青年男女在恋爱的时候，也会相互赠刀作为定情信物。可见，阿昌族人已经把自己的喜怒哀乐融入到了户撒刀当中。户撒刀本身就是阿昌人淳朴、坚毅又果敢的品质的化身。

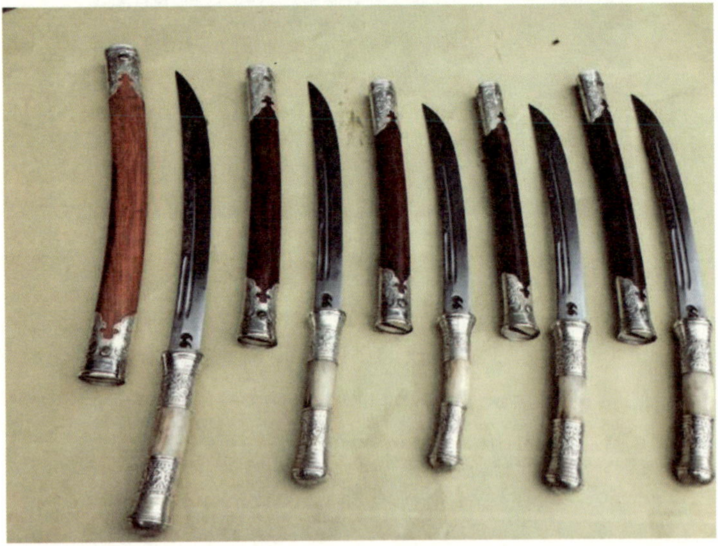

■定情刀

■阿昌族村民用割草机除草的场景

户撒刀于社会发展的价值。用于生产生活的户撒刀对周围民族（傣族、景颇族、德昂族等）的社会发展具有重要意义，周围民族自己极少能够制造铁器，大都靠外界供应，一部分购自腾冲等地汉族，一部分便靠户撒阿昌族供应。

然而，在市场经济的影响下，农用户撒刀逐渐被现代机械代替，日常生活用具的户撒刀也逐步被更先进的工业化产品所取代。在过去，户撒刀推动了社会的发展；而如今，户撒刀又面临着被社会发展所淘汰的危机。

第七章 阿昌族户撒刀产业发展现状

20世纪末，受管制刀具政策以及农业机械化影响，户撒刀产业一度衰微，传统的家庭作坊很难生存下去。而在入选非物质文化遗产后，媒体对户撒刀的大力宣传，开拓了户撒刀的工艺品市场。为了迎合市场，户撒刀匠由制作刀、锄、犁等工艺粗糙的生产用具急剧转向生产镇宅宝刀等精致工艺品。这场变革导致户撒刀产业出现了一系列的问题,出现了多种形态并存的产业现状:仍处于传统家庭作坊形态的商业模式和已经转变为现代的流水线作业的模式并存。

■质检（陇川非遗保护中心　提供）

■项老赛家的打刀坊

从外部来看，在户撒刀入选非物质文化遗产后，打刀设备日益先进，锻制技艺有了创新性发展，户撒刀产业逐步从实用刀向工艺刀方向发展，本章探究的是户撒刀行业的现状和未来的可持续发展之路，尤其是入选非物质文化遗产究竟给这个产业带来了哪些影响和发展契机。

第一节
传统的家庭作坊及自产自销模式

在新中国成立前，户撒阿昌族日出而作、日入而息，男耕女织，男子在院子里打刀修刀，过着相对封闭的生活，基本能维持衣食住行，达到自给自足的水平。手工业始终作为农业的副业而存在，是农业不可分割的一部分。户撒村民在共同的地域，有着共同的自然条件与相似的经济生活，多多少少都有田地耕种，家家户户都会打刀，尚未出现内部的社会分工。人们缺少改变现状的强烈愿望，这种经济形态维持了数百年之久，并且在人民公社化运动之后又再次恢复到传统的家庭作坊与自产自销形态。进入市场经济时代后，村民为了提高收入，尝试种植烤烟、猕猴桃、西瓜等方案，一些村民去附近的硅厂上班，一些村民去户撒刀具厂上班，另一部分村民去广东、浙江打工，尽管从事户撒刀产业的人越来越少，但这种传统的家庭作坊仍然在坚守中传承。在户撒刀入选非物质文化遗产后，传统家庭作坊依然是户撒地区最为普遍的作业方式。

传统家庭作坊这种生产方式存在产量小、产品缺乏标准、交易不规范等问题，属于“生产什么就卖什么”的卖方市场。制作过程中充满了随意性、不确定性，又缺乏质量检查，不但效率低

■杨发方家的打刀坊

而且品质不稳定。技术传承主要是父传子、师传徒与自己琢磨的传统办法，技术知识积累比较困难，传统技艺较容易失传。户撒刀匠之间缺乏信息共享意识，全局意识不足，同行之间竞争较大。

但也正是这种传统的家庭作坊将这古老的锻制技艺传承至今。“阿昌族是一个居住地十分偏僻的民族，他们很少与外界进行技术上的交流，但制铁技术在西南民族中却首屈一指……更值得注意的是，在现代社会的冲击下，很多地方的民间传统工艺都处于迅速瓦解之中，但制作阿昌刀的技艺却仍然在顽强地绵续着，甚至各村各户的传统特长在很长时期内都不曾发生改变，这种地方性的知识如何能保持长期的领先地位，而且竟然出现在阿昌族这样的人数很少的民族中，这是十分耐人寻味的文化现象。”[15]

---

[15] 李晓岑:《阿昌族的制铁技术及相关问题》,《广西民族学院学报(自然科学版)》，2004年5月第10卷第2期。

第二节
近现代的流水线作业模式

正如李晓岑在其论文结尾所言，“现在，阿昌刀的制作也面临现代工业的挑战，由于设备相对落后，成本较高，与现代方法脱节过大，最终可能会出现竞争困难的问题。我们认为，在把握民族特点的基础上，应吸收现代铁艺的一些方法和思路，对阿昌

■验刀场景

刀进行一些改进，以提高生产力，适应现代民族文化发展的需要。”户撒地区，产生了一种与“传承中坚守”的传统家庭作坊相对的生产方式——“发展中变化”的现代流水线作业。这种生产方式以市场为主导，是户撒刀匠尝试的对传统家庭作坊的改进。

第三节
网络化销售模式

目前，全国各地消费者能够通过网络认识与购买户撒刀，户撒刀网络化销售作为新事物正在户撒刀产业内部兴起。

整体来看，户撒刀的网络销售由于受制于国家管制刀具政策，很难建立销售户撒刀的网站、淘宝店，因而转向了电话与网络社交平台，如QQ空间、微店等等。开淘宝店时，如果填空时候没

■ 户撒刀宣传照（陇川非遗保护中心 提供）

有选择“未开刃”就会被封，也就不能被检索到。此外，在淘宝网搜索“店铺”输入“户撒刀”可检索到一家盗用项老赛的名气，取名“中国户撒刀剑项老赛店”。

■项老赛的宣传牌

户撒刀网络化销售打开了新的市场，也让户撒刀刀匠、销售商们的信息共享更加的快速，与此同时，也带来了一些问题。户撒刀匠们与销售商们为了宣传销售自家户撒刀，在网上展示户撒刀商品图片，结果经常遇到被同行抄袭的情况，一旦某款刀销售量大就容易被仿制，这在很大程度上损害了户撒刀匠的创新积极性。

综上所述，户撒刀匠与销售商认识到传统家庭作坊与自产自销模式存在的缺陷，试图通过制定计划来克服产量小、产品缺乏标准、交易不规范等缺陷。但新的生产方式仍存在舍本逐末的问题。另一方面，网络化销售模式让户撒刀产业打开市场的同时，也使得同行之间相互抄袭的情况更加的严重。然而互联网化的趋势不可阻挡，如今新零售的商业模式更是可以让户撒刀这样有生产基础却销售网络薄弱的产业得到弯道超车的机会，让我们拭目以待吧！

尽管户撒刀产业发展出现了许多新的问题，必须看到，现代社会中，资本是“支配一切的经济权力，它必须成为起点又成为终点”。[16]尽管户撒刀产业发展出现了许多问题，而这也侧面反映了户撒刀产业的底蕴和潜力。非遗保护只是一次契机，未来户撒刀整个产业的发展还需要政府、学者、厂家、商家、户撒刀匠们组成一个有机的生态才能更好地发展。

[16] 马翀炜：《非物质文化遗产：日常生活现象的脱域、入域与发展》，《思想战线》，2012年第5期。

致 谢

《户撒刀锻制技艺》的出版得到了陇川县文体广电旅游局非遗保护中心、户撒乡政府的大力关心和支持，特表示感谢！特别是闫瑾主任，在百忙之中审阅书稿，为本书提出了修改和建议。此外，还得到了户撒刀锻制技艺代表性传承人项老赛、娄宗培、线老岩、杨发方等师傅们的耐心解答，并为此书提供了宝贵资料，在此一并致谢。

限于本人水平有限，书中难免存在疏漏和不足之处，敬请各位读者和专家指正，并给予谅解！